其他行星上真的存在生命吗？

以及其他关于太空的问题

格雷戈里·L·沃格特 著

科林·W·汤普森 图

王博 于艾卉 译

大连理工大学出版社

Dalian University of Technology Press

目录

你或许听说过这些关于太空的说法:

北极星在天空中的位置永远不变!

其他星球上同样存在生命。

这些说法没错吗?

这些说法的背后有没有科学依据?

让我们一起对这些说法进行探索吧。

看一看,这些关于太空的故事或说法是**真的**还是**假的**!

真的有不明飞行物（UFO）吗？

没错，但是先不要仓促下结论。UFO指的是"不明飞行物"。这是个广义上的名称。每当你看到不明确的飞行物，你都可以把它称作UFO。UFO既可能是鸟，也可能是飞机或气象气球。

你更感兴趣的是另一种特殊的不明飞行物。你想知道外星飞船是否来过地球，对吧？这个问题无论谁都说不出答案。

有人声称他们曾被外星人绑架，但他们却没有任何能证明他们看到外星生物的证据。许多人都说自己看过外形怪异的不明飞行物。他们表示，这些飞行物既不是气象气球也不是飞机。难道他们真的看见外星飞船了吗？他们的说法难辨真伪。有些人拍了照片做证据，但照片并不足以证明不明飞行物就是外星飞船。你不能只因为不确定飞行物是什么，就把它当作外星来客。

除非外星人登陆地球并和我们交谈，否则的话，来自外星的不明飞行物存在与否就始终都是未解之谜。这些飞行物是否只是尚未明确的物体呢？

太空中真的没有地心引力吗?

你对问题的答案不太确定吗?下面这个问题你一定能回答上来——为什么月球会围绕地球转动?答案是地心引力,没错吧?所以,太空中也是有地心引力的。

人们常以为太空中没有地心引力。他们觉得宇航员都在飞船中飘浮。不过，由于地心引力的作用，飞船也要围绕地球旋转。否则飞船很快就会飞进外层空间*，飞出太阳系了。

既然如此，为什么宇航员还会在空中飘浮呢？火箭将航天飞机送进了地球上空以外的太空。移动中的飞船开始围绕地球旋转。它在旋转的同时也在下落。飞船内部的宇航员也在下落。由于他们在下落，地心引力因此好像消失了一样。其实它还存在。

2007年，发现号航天飞机上的宇航员斯蒂芬妮·威尔逊以及飞船模型。

非同凡响的太空水滴！

你仔细观察过掉落的水滴吗？试试看吧！这比你想象的还要有趣。在蜡纸上滴一滴水，它看起来是圆形的，对吧？然后，再加上一点水，让水滴变大。怎么样？水滴是不是看起来变平了？如果的确如此，这就是大水滴比小水滴更重的缘故。由于地心引力的作用，它才变平的。

宇航员也喜欢在太空中观察水滴。那里的情况有所不同。水滴会随着飞船和宇航员下落。所以，无论水滴有多大，它始终都是圆形的。

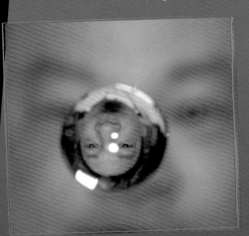

*译注：又称外太空、宇宙空间，指的是地球大气层及其他天体之外的虚空区域。

宇航员在太空中真的需要穿尿布吗?

没错! 宇航员穿尿布听起来似乎很奇怪, 但这却是必要的。这是为什么呢?

美国国家航空航天局为女性宇航员发明了名叫一次性吸尿储尿裤的太空尿布。1988年, 这种尿布开始在太空中投入使用。

发射倒计时的时候，宇航员穿着发射服。他们的服装由许多层组成，这可以在紧急情况下保护他们，服装因此非常重。其中一层是由橡胶材料制成的，里面储存了气体。宇航员同时还需要佩戴鱼缸形状的头盔。

穿宇航服非常不容易。如果不使用尿布，那可就麻烦了。宇航员可能

2009年，奋斗号航天飞机即将驶向国际空间站。身穿橙色发射服的宇航员向航天飞机走去。

会说："哎呦！我得上趟厕所！"然后他就得开始脱衣服。飞行任务一般由几名宇航员完成。如果这样的话，航天飞机可能永远都没办法起飞了。

宇航员在太空中行走时也需要穿尿布。正常情况下的太空行走要持续6~8个小时。如果要憋尿的话，这段时间还是相当长的。宇航员也许并不喜欢穿尿布，但到了真正需要使用尿布的时候，他们还是很愿意穿的。

你知道吗？

航天飞机上有个名叫垃圾收集系统的密闭区域。这里就是宇航员的"厕所"。他们可以到这里朝着管子小便。管子里安装了吸气发动机，它的工作原理和吸尘器差不多（千万不要在家做这种实验！），宇航员坐在排放固体废物的椅子上。空气就会将废物推送进座位下面的储物桶。

太阳和月球的大小真的一样吗?

不对。太阳要大得多。

这个问题表面看起来似乎很愚蠢。太阳和月球的大小当然不同。太阳的体积更大，因为整个太阳系都要靠它的引力维系。

太阳和月球哪个更大？这个问题其实并不愚蠢。从地球上看，太阳和月球的大小是基本相同的，在日食的时候更是如此。发生日食的时候，月球刚好在地球和太阳之间经过。月球这时会将太阳遮蔽*。

日食的时候究竟发生了什么？为什么太阳的大小看起来会和月球一样呢？

如果你想知道答案，你需要先做一个实验：先看远处的树，然后在面前举起你的拇指，将拇指挡在眼睛的前面。如果眼前的拇指处

于恰当的位置，它的大小看起来就会和树一样。当然，树实际上要比你的拇指大得多。由于拇指更接近你的眼睛，所以它看起来才和树一样大。

我们再回到太阳和月球大小的这个问题。太阳的直径约是月球的400倍。太阳与地球的距离约是月球与地球的距离的390倍。由于月球距地球更近，所以太阳和月球的大小看起来才一样。

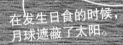

在发生日食的时候，月球遮蔽了太阳。

*重要安全提示：无论发生日食与否，永远都不要直视太阳！阳光会伤害你的眼睛！

太阳有多大？

太阳的直径约140万千米。如果太阳是空心的，5千万个月球才能将它填满。

宇航员的身体在太空中真的会变得虚弱吗?

没错! 当宇航员在飞船中飘浮时, 他们就会失去一部分的力量。他们的肌肉无法得到应有的锻炼。他们只需用指尖轻推墙壁, 就可以从飞船内的一个地方移动到另一个地方。这对身体没什么好处。肌肉需要锻炼才能保持强壮。在太空中待上两个星期后, 宇航员会减少2.3千克的肌肉。

国际空间站的工作人员努力工作, 为他们在工作中不体们需要锻炼身体, 以保持力量。同时还要锻炼身体。

觉得难以置信吗？看过这个例子你就明白了。比方说，你决定进行力量训练。教练建议你举4.5千克的重物。起初你觉得它很沉。经过几个星期的训练之后，你的肌肉得到了锻炼，这时你就会觉得重物变轻了。

于是你将重物增加到了6.8千克。很快，你忙于足

宇航员苏尼塔·L·威廉姆斯在国际空间站使用特殊设备进行锻炼。

球比赛，没有时间再进行力量训练了。几个星期后，某天你决定举4.5千克的重物试试。它给你的感觉简直比之前重了10倍！因为你的力量训练在中途停了下来，所以你失去了锻炼出来的部分或全部肌肉力量。宇航员会失去很多肌肉的力量，而不只是臂力。

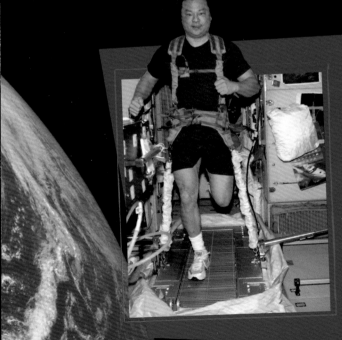

你知道吗？

为了保持体力，太空中的宇航员每天都需要锻炼一小时或更长时间。他们需要在跑步机上跑步。结实的橡皮筋也是他们的锻炼设备。宇航员首先将橡皮筋固定在飞船地面上，然后他们就开始抻拉橡皮筋。这种运动和地球上的举重差不多。他们同时还用橡皮筋伸展上肢，以便锻炼上半身。

火星上真的有外星人的面孔吗?

没有的! 你也许会好奇:为什么人人都在思考这个问题。1976年,美国国家航空航天局在几个月之间分别派了两艘无人飞船到火星调查。飞船绕火星旋转,相机拍下了一张大石块的照片。石块就像人脸一样,上面不仅有眼睛、鼻子,而且还有嘴。环绕"面孔"的还有另一层岩石,看起来就像是丑陋的发型一样。

有人相信，图片足以说明火星上存在生命。这些人认为，面孔是由火星人雕刻的。科学家则表示面孔并不是真实的，它是由暗影造成的。但这些人依旧固执己见，他们认为美国国家航空航天局在说谎。

约20年后，另一艘飞船在接近火星时意外坠毁。相信火星有人脸的人们愤怒了。他们认为美国国家航空航天局蓄意毁坏了飞船，以阻止它再次拍下人脸的照片。

美国国家航空航天局表示，他们不会毁坏自己的飞船。如果真的有火星人刻下的面孔，这会是件格外振奋人心的事。

2001年，另一艘飞船开始围绕火星工作。飞船在火星人面孔的位置拍下了照片。飞船这次使用了更好

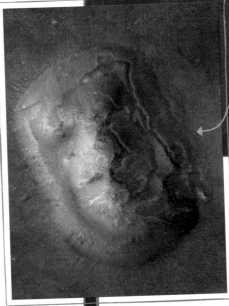

2001年，美国国家航空航天局拍下了这张"火星人脸"的照片。你觉得它看起来还像人脸吗？

的相机。

太阳当时正在空中高挂，暗影比上次要小得多。照片中的人脸消失了。它的确是由暗影造成的。

那些对火星人面孔深信不疑的人们会接受吗？显然不会。他们声称，美国国家航空航天局用电脑修改了图片，并隐藏了人脸。有些传说永远都不会终结。

其他行星上真的存在生命吗?

当然有可能。除地球以外, 人们尚未在其他行星上发现过生命, 但地球以外的行星或许也可以维系生命。

火星就是一个例子。火星比地球更寒冷，但它的部分区域却很温暖。火星某些区域的温度甚至可以达到21摄氏度。火星或许也有水。水是存在生命的必要条件。

美国国家航空航天局曾经派遣过多艘无人飞船去火星寻找生命迹象。有的飞船在轨道上寻找火星表面的水源。有的飞船则登陆火星，并派出带轮的小机器人搜寻岩石间的生物。人类宇航员最终会登陆火星继续搜寻工作。

另一个可以寻找生命的地方很可能是木卫二卫星。

图中的小型机器人正在对火星表面进行探索。

木卫二卫星围绕木星旋转。它的表面上有冰，冰的下面有海水。木卫二卫星的海洋里很可能有生物。人类将会派飞船去那里并将冰层钻开。飞船会将小型水下机器人放进水里，开始探索工作。

其他星体也有存在生命的可能。科学家已经搜寻过上百颗围绕太阳等恒星旋转的行星。他们希望能找到像地球一样的行星。这些行星也可能存在生命。

和地球一样的行星很不好找。行星同恒星的距离一定要适当。如果距离过近，那里就会太热，生命因此就无法生存；如果距离过远，行星就会过于寒冷。如果科学家找到了存在生命的行星，他们或许就会发出无线电信号："你好啊，有人在吗?"

月球真的围绕轴心自转吗？

是的。我们很容易被月球欺骗。月球总是以同样的环形山*和大片的黑暗区域面对地球。因此有些人才觉得月球并未自转。

*译注：环形山通常指碗状凹坑结构的坑。月球表面布满大大小小的圆形凹坑，即月坑，大多数月坑的周围都环绕着高出月面的环形山。

月球怎样才能一边自转一边将同一面展示给地球呢？这是因为月球要27.3天才能环绕地球一周。这与月球围绕轴心（假想的一条贯穿月球的轴线）自转一周所需的周期几乎相同。

难道这只是个巧合吗？其实并不尽然。地球与月球都有引力，二者相互吸引。"拉锯战"减缓了月球自转的速度，使其自转所需时间与围绕地球旋转一周的天数相等。

试一试！

如果月球不围绕轴心自转，它就不可能始终将同一面展示给地球。想知道为什么吗？你可以找个朋友站在屋子中央试一试。假设你自己是月球，你朋友是地球。你来模仿月球，沿轨道绕地球进行旋转。在旋转的同时，你要确保你始终都面对着地球。如果你不转动自己的身体，这显然办不到。当你绕地球旋转一周，你必须也得慢慢自转才行。

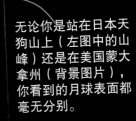

无论你是站在日本天狗山上（左图中的山峰）还是在美国蒙大拿州（背景图片），你看到的月球表面都毫无分别。

美国国家航空航天局真的有失重训练室吗?

没有的。 在游客参观位于德克萨斯州休斯顿的美国国家航空航天局约翰逊航天中心的时候,他们总是想看看失重训练室。但他们得到的答复却只有一个:"对不起,我们并没有失重训练室。"

这些参观约翰逊航天中心的游客想必都看不到失重训练室。

观看宇航员在太空中的视频令我们兴奋不已。视频中的他们在空中翻腾,拨弄着飘浮的食物。于是人们便想象出了这种屋子。只要你按一下按钮,地心引力就奇妙地消失了。

宇航员的确有训练宇宙飞行的地点。这个场所在一架移去座位的喷气式飞机里。飞机四壁都贴满了软垫。飞机会模仿过山车的路线飞行。它在几百米的高空迅速起落。随着飞机的运动,内部的宇航员也上下颠簸。他们在片刻间的感觉就像是到了太空中一样。他们会演练自己将在太空中执行的任务。然后,飞机开始水平飞行,准备下一轮的训练。

宇航员在美国国家航空航天局的特殊喷气式飞机中进行训练,以便为今后的太空飞行做准备。

在返回机场之前,飞机会沿过山车路线飞行40次。宇航员觉得在这种飞机里飞行特别有意思。然而,并非所有的宇航员都喜欢这种训练。他们为这种飞机取了"呕吐彗星"这个外号。至于原因嘛,你想象一下就明白了。

水下训练

宇航员还可以采用另一种训练方式为太空飞行做准备。他们可以接受水下训练。美国国家航空航天局有个很大的水池,宇航员可以穿上航天服在水中训练。人们为服装增加了重量,令宇航员既不能浮出水面,又不能沉入水底。这种感觉真的就像置身在太空中一样。宇航员可以在水中练习如何修理飞船。

宇航员真的在太空中吃冻干冰激凌吗？

他们只吃过一次。1978年，阿波罗7号上的三名宇航员曾经将冻干冰激凌当做甜点食用。冻干冰激凌使用铝箔纸包装，其中混合了草莓、香草与巧克力口味。

宇航员并不特别喜欢吃冻干冰激凌。虽然它的味道像冰激凌，但它的口感却非常黏。

冻干冰激凌真是一种奇怪的东西。在制作它的时候，工人需要将冰激凌放入真空室里。真空室指的是被抽出空气的容器或盒子。工人对真空室中的冰激凌进行加热。冰激凌中的冰冻水转化成了气体，气体随后便被从真空室中抽出。需要许多个小时才能令冰激凌脱水。脱水后的冰激凌变成了硬

美国国家航空航天局的食品技术员将一盘炒饭放入冷冻干燥器。烹制后的新鲜食物需要在约翰逊航天中心经过冻干处理，然后才能供宇航员食用。

块。宇航员无须将它放进冰箱保存。

如果他们愿意，将它放进兜里就行。

有人觉得冻干冰激凌会成为航天旅途中相当完美的甜点。然而，由于宇航员对此并不赞同，冻干冰激凌之后就再也没被带进过太空。

*译注：尼龙搭扣是由尼龙钩带和尼龙绒带两部分组成的联接用带织物，对钩带和绒带略加轻压就能产生较大的扣合力和撕揭力。

宇航员的银餐具中还包括剪刀。在太空中进餐时，宇航员需要首先打开食品包装。尼龙搭扣*及磁力贴可以防止食物飘走。

月球真的有暗面吗?

没错。月球总是有昏暗无光的一面。但稍等片刻! 下列内容许多人并不清楚。月球的暗面并不总是同一片区域。

当人们谈及月球的暗面，他们指的其实是月球背对着地球的那一面。满月时，月球的背面就是暗面。但月球朝向地球的这一面有时也是黑暗无光的。因为那些区域太过黑暗，我们甚至都看不见那里。如果月球对着我们的这一面是暗面，这说明被太阳照亮的是月球的另一面。

当月球暗面朝向地球的时候，月球看起来好像消失了一样。

如果你希望成为宇航员，有朝一日你或许会去月球。如果你真能去月球，月球暗面这个问题对你就很重要，因为在暗面登陆会十分困难。登陆月球是件很棘手的事。巨石或幽深的环形山边缘都无法登陆。想解决这个问题，最好的办法就是在被太阳照亮的地方登陆。这样你才能看清着陆点并安全降落。

月球的背面

月球的背面和正面看起来截然不同。虽然这两面都有环形山。但月球背面的环形山比正面更多，其整个表面几乎全部被环形山所覆盖。这些环形山或鳞次栉比，或彼此层叠。月球正面分布着很多月海*，月海四周有许多环形山。有的环形山刚好坐落在月海当中，但大多月海与环形山都相隔甚远。月海分布得并不像月球背面的环形山那样紧凑。

译注：月球月面比较低洼的平。

你能在月球背面的这张图中找到适合登陆的地点吗？

月相真的是由地球的阴影造成的吗？

在明亮的夜晚，月球看起来就像一块银色的甜瓜。有时，月球像个半圆。而大约每月一次，月球又会变成闪闪发光的圆球。这些都是月相。月相与地球的阴影毫无关联。既然如此，月球是怎样变换自己形状的呢？

月食

你已经对日食有所了解。但是你知道吗？月亮的光芒有时也会被遮蔽。这一现象叫做月食。当月球进入地球的阴影，这时就会形成月食。在这一两个小时之内，月亮好像消失了一样。当月球离开地球的阴影，月食随即结束。我们又可以看见月亮了。

月相是由月球绕地球旋转造成的。当月球旋转到地球和太阳之间，月球朝向地球的这一面就变得暗淡无光。这一面的月球丝毫得不到太阳的照射。这个月相名叫新月。当月球旋转到地球的另一面，月球被太阳照射的一面正对着地球，它反射了太阳的光芒。这一月相就是满月。

当月球运行到其他位置，朝向地球的一面有明有暗。例如，当我们看到月球一半被太阳照亮，一半黑暗的时候，我们就称其为弦月。这时我们只能看到四分之一的月球表面。

月球环绕地球旋转时，地球上观测到的月球会呈现出圆缺的变化。变化的周期为28天。

宇航员真的登上过月球吗?

自首次登月后, 有人始终对宇航员是否确实登上过月球表示怀疑。他们声称登陆月球只是个谣言, 并将此类新闻报道视为骗局。

宇航员巴兹·奥尔德林站在月球表面的美国国旗旁边

宇航员的确登上了月球。1969～1972年，共有12名美国人登上了月球。为什么有些人不相信这一事实呢？

许多否认登陆月球的人指出了宇航员登月照片在他们眼中的一些错误。例如，在一张拍摄于1969年阿波罗11号任务期间的照片中，一面皱皱巴巴的美国国旗仿佛在旗杆上迎风飘扬。这面国旗由尼尔·阿姆斯特朗和巴兹·奥尔德林两名宇航员一同插在了月球上。对登月表示怀疑的人们认为，这面

国旗足以证明登月是场骗局。月球上没有空气。国旗怎么可能飘扬起来呢？

答案其实非常简单。旗杆上装有一根与其呈直角的小横条。横条使国旗展开，这样人们才能看见上面的"星条"图案。国旗看起来像是在随风飘扬，这是国旗上面的褶皱造成的。为什么国旗会起皱呢？这也很简单。因为在飞往月球途中，国旗是在折叠后保存的。

太阳的光和热真的是燃烧燃料产生的吗？

不是。太阳燃烧的方式与冬季烧油或煤气的炉子截然不同。此外，发电厂的巨型发电机需要燃烧燃料，这样你家里的电灯才能发亮。太阳产生的光亮也与此不同。

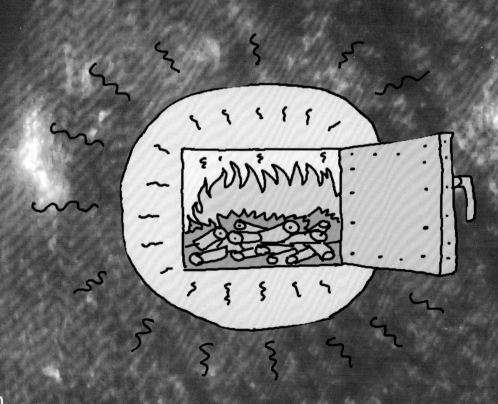

太阳通过聚变发光发热。聚变发生在太阳内部的极深处。下面，我们来讲一讲聚变的过程。太阳主要由一种气体的原子组成，这种气体叫做氢气。太阳表面以下几十万千米处的气压相当大。这些大气压由所有氢原子一层层堆叠形成。气压生成了巨大的热量。科学家认为，太阳中心温度高达1500万摄氏度。高温和高压使氢原子发生聚变，成为另一种气体的原子。这种气体名叫氦气。

太阳通过聚变生成氦气，这会释放出大量的能量散逸到宇宙空间。部分能量则以阳光的形式传到地球。

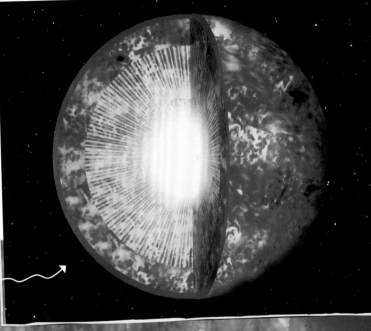

太阳表面比太阳中心的温度低很多，但其温度仍然高达6000摄氏度。

你知道吗？

太阳内部每秒钟都有几百万吨的氢原子通过聚变形成氦原子！即使以这种速度计算，太阳内部的氢原子仍足够太阳持续发光发热40亿年。

北极星在天空中的位置真的从来不变吗？

不对。你可以在小熊座这个星座中找到北极星。它的位置就在小熊座手柄的末端，几乎就在北极上空。北极指的是地球轴心的最北端。地球会围绕这一假想的轴线旋转。

这颗星就是北极星。你能看出小熊座吗？能看到临近的大熊座吗？

随着地球旋转，除一颗星以外，其他的星球似乎都在移动。以太阳为例，这些星球从东方升起，从西方落下。看似不动的只有北极星。想弄清原因，你可以站在室内的吊灯下面做个实验。当你缓缓旋转，四周的物体看起来都在移动。现在抬头看看吊灯，吊灯看起来仍然一动不动。

北极星就像那盏吊灯一样。随着地球旋转，北极星的位置始终都正对着地球的北极。

虽然北极星看起来全然不动，

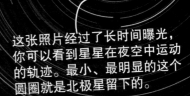

这张照片经过了长时间曝光，你可以看到星星在夜空中运动的轨迹。最小、最明显的这个圆圈就是北极星留下的。

但它其实是在缓慢移动的。北极星并非正对着北极。因此，在地球旋转的同时，北极星似乎也在绕小圈旋转。但它确实距离北极的天空相当近。如果你在晚间迷失了方向，那就抬头看看北极星吧。当你面对北极星的时候，你的眼前就是北方。如果北极星在你背后，你面对的方向就是南方。

太空中真的有声音吗？

没有。当你欣赏最爱的太空电影时，影片中的太空都是有声音的。《星球大战》中的卢克·天行者或《星际迷航》中的科克船长在星球之间追寻坏人的踪迹，他们用激光、移相器和光子鱼雷发动攻击。这时你会听到枪声以及能量束穿过太空命中目标的声音。打中了！坏蛋的飞船应声爆炸。声音听起来激动人心。

观看太空作战场面时，我们期待听到声音。因此电影制作人才在影片中加入了这些声效。不过，如果你目睹了真正的太空战斗，这其实是寂然无声的。

如果你在地球上放声呼喊，许多人都能听见你的声音。因为空气可以传播声音。

声音究竟是什么呢？声音是物体在振动（摇动）时发出的。以敲门为例，敲击动作令木头或金属振动。门四周的空气同样受到了振动。空气中的原子相互碰撞。振动在原子之间传播，就这样一直传到了你的耳朵。之后，振动传给鼓膜，于是你就听到了声音。

太空里几乎没有空气。声音缺少了载体，因此无法传播。太空战斗都毫无声响。而飞船里有空气，空气是可以传播声音的，所以飞船里可以听到声音。

月球真的是绿奶酪制成的吗?

当然不是! 答案你早就清楚了, 对不对? 月球的成分究竟是什么呢? 它其实是个巨大的石块, 它的表面有许多环形山。你或许在夜晚看过太空中的石块。当岩石掠过天际, 它们会发出亮光, 人们因此把它们称作流星。月球曾被上百万颗流星撞击过。

当岩石撞击月球，月球的岩石表面会被撞毁。月球表面同时还会形成尘埃。尘埃遍布四处。在宇航员登陆月球后，他们发现月球表面上已布满尘埃。现在你知道月球是由什么材料构成的了吧。你可能会想问一个问题：为什么有些人会觉得月球是绿奶酪制成的

呢？月球不仅不是由奶酪制成的，它也不是绿色的。这只是人们开的一个玩笑。有些人这样说是因为他们觉得月球看起来和刚做好的圆形奶酪十分相似。绿奶酪指的就是刚做好的奶酪。

月中人

月球正对地球的表面有许多光明与黑暗的区域。如果长时间观察这些区域，你或许会把它看成人脸。有人把它称作"月中人"。在世界不同地区，人们还把月球表面的图案形容成女巫、兔子或蝎子。

北极：指地球自转轴的最北端，也就是北纬90°的那一点。

地心引力：一切有质量的物体之间产生互相吸引的作用力，地球对其他物体的这种作用力，叫做地心引力。其他物体所受到的地心引力方向向着地心。根据牛顿的万有引力定律，任何有质量的两种物质之间都有引力。

飞船：一种运送航天员、货物到达太空并安全返回的一次性使用的航天器。它能基本保证航天员在太空短期生活并进行一定的工作。它的运行时间一般是几天到半个月，一般搭乘2到3名航天员。又称宇宙飞船。

氢气：世界上已知的密度最小的气体，只有空气的1/14，即在标准大气压，0℃下，氢气的密度为0.0899克/升。所以氢气可作为飞艇的填充气体（由于氢气具有可燃性，安全性不高，飞艇现多用氦气填充）。氢气主要用作还原剂。

原子：指化学反应的基本微粒，原子在化学反应中不可分割。原子由原子核和核外电子构成。

月相：天文学术语，是天文学中对于地球上看到的月球被太阳照明部分的称呼。随着月亮每天在星空中自西向东移动一大段距离，它的形状也在不断地变化着，这就是月亮位相变化，叫做月相。

真空：一种不存在任何物质的空间状态，是一种物理现象。

索引